一棵植株能长二三十个荸荠
那是长在地下匍匐茎前端的球茎
成熟之际，地面上千万秆叶状茎整齐倒伏
成为大地美丽的地毯

一排农妇弯腰前进，双手用力插入湿泥
向后搬开泥块，快速捡挑泥荸荠
说笑中手不停、脚不歇
很快装满一盆盆的丰收

农妇挺起酸劳的腰
转身捧出刚采收的荸荠
眯眼对着我们笑，灿烂有如下午的阳光

那暗红的新鲜荸荠包裹着泥土
犹如巧克力球般引人垂涎

丰收的喜悦令人忘却一年的风雨、泥泞和酸楚

荸荠序

水八仙中，有三种植物的食用部分，都藏在水底的烂泥之中，既可以吃，又是繁育后代的器官。因为生长环境和食用部分的类似，又都是苏州盛产的水生蔬菜，在苏州水乡把它们合称为“烂田三宝”，分别是本丛书另外篇章介绍的慈姑、莲藕和本篇的荸荠。

荸荠大家都吃过，紫黑色的一个小小扁球，顶上一个顶芽，还有几个侧芽，底下一个凹进去的脐。表皮上有三四圈环节，上面还包着些薄膜。削去外皮和芽，就是雪白的果肉，入口爽脆可口，甘甜多汁。但是荸荠在田里的样子，见过的人大概不多。

荸荠田很有意思，一丛丛一秆秆细长的绿色“叶子”从水中钻出，中空如细管，按照东晋郭璞的说法，就是“苗似龙须而细”。整片田里看上去，除此之外，别无他物，不知茎在哪里，叶在哪里，花在哪里，密密麻麻地乍看之下，还以为是水葱。

的确，荸荠全身的各个器官，是很容易让我们误会的。在深入认识荸荠之前，有几个概念我们需要先了解清楚：实际上我们食用的荸荠果，并不是果实，而是膨大的地下球茎；地面上长出的细长管状的“叶”，并非叶片，而是叶状茎；叶状茎基部、地下茎环节上包裹着的黄褐色薄膜，才是真正的叶片。荸荠的花开在和叶状茎几乎一模一样的花茎的顶端，如果不留意，也是很难发现的。

荸荠古名“凫茈”，经过两千年来逐渐的演变，衍生出一系列发音相近的名字，又因为颜色、外形、生长位置的关系，而有“乌芋”“红慈姑”“地栗”“尾梨”各种别名。明清时代，荸荠的发音和造型，也被赋予了不少吉祥寓意，比如“掘元宝”“必定齐”等等。

苏州向来是荸荠的优质产地，种植荸荠的历史也由来已久。明代《吴门表隐》中有云：“荸荠出葑门外湾村，色黑；出华林，色红，味皆甘嫩。”可见彼时已经形成不同的栽培品种。苏州城东的车坊一带，也是荸荠的盛产地，自清代以来，车坊荸荠就行销各省。我们的荸荠采访，基本就是在车坊的江湾村完成的。■

采访手记

●荸荠的育苗和定植

荸荠是通过地下球茎繁殖的。在种入大田前，需要先进行育秧苗。2011 年 5 月底，汉声编辑刘镇豪、陈诗宇来到苏州江湾村，采访荸荠育苗情况，这时田里已经陆续有农户开始在忙育苗了。育苗田所需面积不大，深度也很浅。在田床地面铺一层薄薄的河泥，接着把即将发芽的种荠一个一个紧密地依次排列，埋入泥中，只露出顶部，然后再浇入河泥浆没过顶芽。有意思的是，我们在村里走访时，还看到好多农家在附近的空地围一块普通地面，四周用砖砌高，浇上河泥铺荸荠，在家边就近育苗。不出几天，顶芽开始长出细细的秆子，就是叶状茎了。

6 月底 7 月初，秧田中的荸荠秧苗已经长到一尺来高，就可以定植了。这时的江湾村，正是荸荠和慈姑都进入定植阶段的时节，走在田埂中，四周大片大片的水面，或是刚刚整好，或是露着稀稀拉拉的荸荠苗和慈姑苗。田中不少农户，都在忙着栽荸荠，一派欣欣向荣的忙碌景象。

农户把育好的荸荠秧苗从秧田中挖出，分株理清，整理好根系，整齐地装入盆中，防止荸荠秧在途中倒伏折断，还在上面用布条扎好，再用布围绕包裹。把装满荸荠秧苗的脸盆放入竹篮，就可以送入大田定植了。田埂上，走着不少肩挑扁担一前一后两篮秧苗，或者抱着一盆秧苗准备栽种的农户。我们拦下一位老伯，取出一株秧苗观察，只见裹着薄泥的荸荠球茎顶芽上，长着一丛十来秆的细长叶茎，在茎的基部还生出不少细白的须根。看起来有点像一颗发芽的大蒜，或者水仙、郁金香之类的球茎苗。

农户把秧苗盆搁在田埂上，接着取出一捆细线，两端拴上小木片插在田埂，然后抽出一把盆中的荸荠秧，握在手里，便可以下水栽种了。沿着细线定位，小心地将秧苗一株一株地插入土中一掌深。接着将细线往后移动半米，继续栽下一行，栽好之后仿佛稻田一般。

●“荸荠无数目”

江湾村的胡主任告诉我们一句苏州农家的俗语，“慈姑千，藕八百，荸荠无数目”，说的就是荸荠强大的分蘖分株能力。别看栽种的时候田里只稀稀拉拉地埋下几棵秧苗，不出一两个月，经过多次分蘖、分株，以及地下向四周抽生匍匐茎并继续长出新株分株，荸荠田里就能密密麻麻地长满叶茎。

（下转第 36 页）

荸荠是莎草科荸荠属的浅水性宿根草本植物，主要分布于长江以南各省的水泽地区，以膨大的地下球茎作蔬菜食用。俗称马蹄，又称地栗、尾梨、红慈姑等。荸荠皮色紫黑或红褐，肉质洁白，味甜多汁，清脆可口，自古有“地下雪梨”之美誉。荸荠果蔬兼用，另外还可加工成罐头、荸荠粉，甚至酿酒。荸荠不仅是佳蔬美果，也是一味良药，其味甘、性微寒、滑而无毒，有清热止渴、温中益气、行滞导积、消食化痰、解毒等功效。

体牌 档案

分类：被子植物门、单子叶植物纲、莎草目、莎草科、荸荠属

学名：Eleocharis dulcis

别名：地栗、马蹄、乌芋、红慈姑、凫茈

原产地：印度

分布：东亚、东南亚等

中国主产地：长江以南各省栽培普遍，河北也有部分分布。广西桂林、浙江余杭、江苏苏州和高邮、福建福州、湖北汉口为著名产地

食用部位：地下球茎

生长期：4 月至 11 月上旬

采收期：11 月至翌年 1 月

体 株器 全株图解

茎

茎分短缩茎、地上的叶状茎、地下的匍匐茎和球茎。

短缩茎：荸荠通过地下球茎繁殖，球茎的顶芽萌发为发芽茎，随后形成短缩茎，伸出土面。短缩茎向地上抽生叶状茎，即俗称的荸荠秆。向下抽生须根和匍匐茎。

叶状茎：叶状茎即地上的荸荠秆，细长直立，管状中空，内有白色隔膜，膜中有小孔，气体可上下贯通。高 60 ～ 100 厘米，直径 0.5 厘米左右。初期为淡橙色，见光后转为绿色，代替叶片进行光合作用。随着植株生长，叶状茎不断丛生分蘖（即生出新茎），形成母株丛，一株可分蘖 30 ～ 40 个。

匍匐茎：侧芽向四周土中抽生匍匐茎，淡黄色，长 3 ～ 4 节之后，在顶端生成的短缩茎向上再抽生一丛叶状茎，并向下生出新根，形成分株。如此不断分株，每母株可分株 2 ～ 5 次。早生的分株还可以发生第二次分株。迟栽分蘖少、分株少。新的株丛比母株丛叶状茎少，高度也略低。

球茎：植株停止分蘖分株后，匍匐茎的末端向下斜生 10 ～ 20 厘米，开始积累养分，膨大成扁球形肉质球茎，即一般说的荸荠。幼嫩球茎白色，成熟之后表皮因品种不同，而呈棕红、紫红、紫黑等色泽。球茎表面总共有 8 道环节，较明显的有 3 ～ 5 道，节上环生鳞片叶。顶端有顶芽，未来可繁殖长出新株。顶芽之下的二、三环节有侧芽。

【叶状茎剖面白色隔膜局部】

【叶状茎顶端局部】

叶状茎　短缩茎　叶（叶鞘）　根　果　花　叶　匍匐茎　球茎

【荸荠球茎】

顶芽　环节　叶（鳞片叶）　脐

花

生长后期，在结荠的同时，地上顶芽可抽出形如叶状茎的花茎，顶端着生穗状花序，小花呈螺旋状贴生，外包有萼片，内有雌蕊 1 个，子房上位，柱头 3 裂，雄蕊 3 个。

果

每朵小花结果实 1 个，果实近圆球形，极小，果皮革质，灰褐色，内有种子一粒，不易发芽。

叶

荸荠的叶片退化，呈膜片状，褐色，不含叶绿素，环状着生于叶状茎的基部和匍匐茎、球茎的各节上，包裹着主芽和侧芽，形成叶鞘或鳞片叶。

根

荸荠为须根，细长无根毛，着生于短缩茎基部，主要集中在 20 ～ 30 厘米深的土层中。新根白色，后逐渐变为褐色。

在水乡
荸荠与慈姑、莲藕合称“烂田三宝”
别名马蹄、乌芋、地栗

以其肉雪白脆嫩比美于梨
有些地方又称为地梨
北京谚语甚至说
天津鸭梨不敌苏州大荸荠

又因它富含淀粉
荒年时是很好的救饥食品

荸荠的栽种

造

境 生长环境

荸荠喜欢高温湿润，不耐霜冻，因植株不高，也不耐深水，适合水层深 3 ～ 15 厘米，阳光充足的生态环境。宜在表土松软，底土坚实，耕作层不太深的土壤中种植，这样匍匐茎不致深钻，而能增加分枝，球茎大小均匀，也方便掘取。若土壤过于黏重，则球茎瘦小，形状不齐整。

荸荠在幼苗期要防止暴晒，分蘖分株期需要较高温度和长日照；到球茎形成期，短日照和低温可使呼吸作用的消耗减少，以利养分积累到贮藏器官中。秋冬季节天气干爽，日照较短，昼夜温差较大，是最适合荸荠球茎形成的时期。因此生产上为了获得高产，常将荸荠的播种育苗期安排在夏季，这样球茎形成期正好在秋冬季节。

正在浸种的荸荠

浸种所用的大缸

造

栽

栽培方式

●轮种

荸荠不宜连作，连作球茎不易肥大，产量较低。同一块田地一般 2 ～ 3 年栽植 1 次，常与水稻、慈姑、莲藕、茭白等其他水生作物进行轮作。前作的收获时间不一，荸荠的栽种时段也不同。通常 4 月催芽，6 月移植，立冬前后收获的荸荠称“早水荸荠”；5 月催芽，7 月栽种，冬至收获的荸荠称“伏水荸荠”；6 月底到 7 月初育苗，7 月下旬以后栽植并过冬的荸荠称“晚水荸荠”。

●选种

选种可分三个阶段：在上一年荸荠生长后期，选择群体生长整齐，无倒伏，无病虫害的丰产田作为留种田，称为**初选**。荸荠收获期，选外形圆正，顶芽粗壮，无破损、无裂缝，充分成熟，个体中等的球茎冬贮留种，称为**复选**。育苗前再选出球茎饱满，皮表光滑，皮色一致，芽头粗壮，无病伤的种荠进行育苗，称为**决选**。

●浸种

早水荸荠一般不用浸种直接育苗，伏、晚水种荠在春分挖起后即堆藏，五六月温度较高，球茎易干缩且顶芽已萌发细弱的叶状茎，须浸种一两天让其吸水。先将顶芽尖端摘去 0.5 厘米左右，以利吸水萌芽，并放在 25% 多菌灵 500 倍液中浸种 8 小时，进行表面杀菌消毒，取出沥干。浸种后的种荠放置一天，即可出芽。

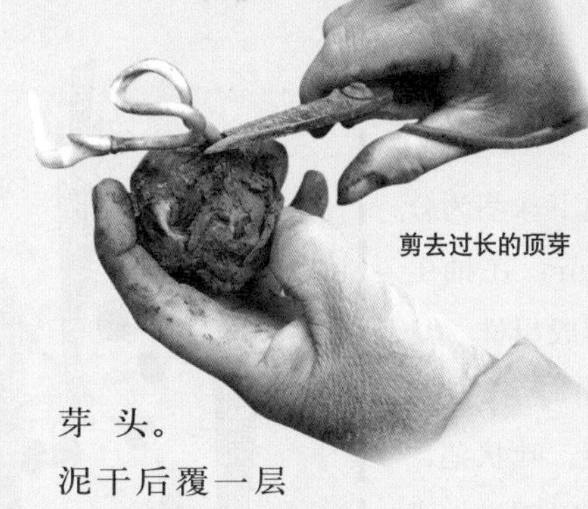

剪去过长的顶芽

●育苗

育苗田可选择普通空地或水田，做成宽 1.2 ～ 1.5 米，长 10 米，沟深 25 ～ 35 厘米的育苗畦。苗畦四周筑好田埂，苗床底先浇一层 1 厘米厚的泥浆，将种荠过长的顶芽摘去，然后一一紧靠排入，早水种荠排好后可轻晒半天使土表结皮，以利种荠扎根。然后再浇 1 ～ 2 厘米厚的泥浆，仅露出芽头。泥干后覆一层稻草保温。搭棚遮阴。伏水和晚水荸荠育苗时因光照强气温高，应搭拱棚覆盖凉爽纱，白天遮阴，晚上揭去。在种荠生长 10 ～ 15 天后，叶状茎达 10 厘米左右，缩短茎上有新根形成，即可拆除遮阴棚炼苗（锻炼幼苗适应力）。

在育苗畦中排好的种荠

种荠排好后浇上一层泥浆

●定植

荸荠播种 20 ～ 25 天，叶状茎长至 25 ～ 35 厘米时，应及时定植大田。荠田选定后，清除杂草，施足基肥，深耕耙平，使泥土平整呈糊状。为减少叶状茎的水分蒸发，宜阴天定植。

定植时，早水荸荠因为已有分株，须将母株上的分株自匍匐茎中部切断，去梢，留 45 厘米高的叶状茎栽入田中。定植深度，以叶状茎基部的根系入土 5 ～ 10 厘米为好。早水荸荠宜适当深栽，以免分蘖过多，郁蔽引起病害。晚水荸荠宜浅栽。荸荠的栽植密度因品种、地力和种植时间而异，一般株距均为 30 厘米左右，早栽的行距为 60 厘米左右，亩栽 3000 穴；晚栽的行株距为 70 厘米，亩栽 4000 穴。栽种时，可以在田中拉线定位，再沿线定植。

排种荠

长出幼苗的荸荠

株 生长过程

萌芽期

4月上旬～4月下旬

从母球茎顶芽萌动至芽长2厘米左右。发芽始温为10～15摄氏度，适温为15～25摄氏度，约需20～30天。

幼苗生长期

5月上旬～6月上旬

从萌芽抽出叶状茎至株高10～15厘米，有叶状茎4～5条。该时期一般需要20～25天，生长适温25～30摄氏度。

分蘖分株期

6月中旬～8月下旬

从幼苗期结束到开始形成地下球茎为分蘖分株期。栽植后的荸荠苗，在抽生叶状茎的同时不断分蘖，形成母株。母株基部的侧芽向四周抽生匍匐茎3～4条，匍匐茎向上抽生短缩茎、叶状茎，向下生根形成分株。分株又以同样方式扩大株丛。一般单栽的母株可产生分蘖30～40个，分株4～5次。此期约需120～150天。高温长日照有利于分蘖和形成分株，25～30摄氏度时分株最旺。此期的光合作用产物主要供给叶状茎和根系的生长。

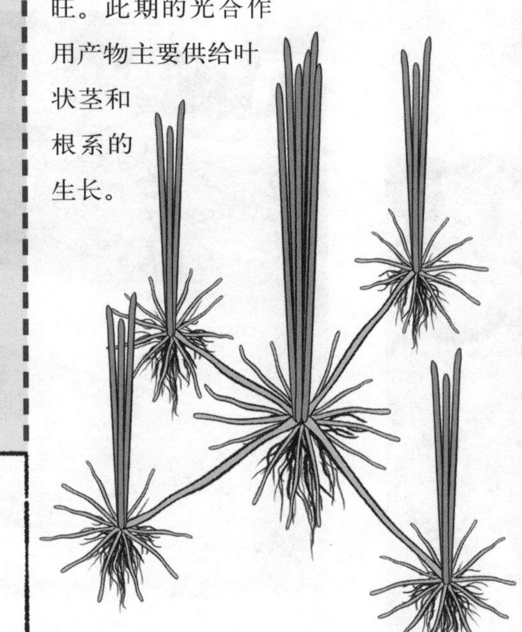

开花结实期

9月上旬～11月上旬

在球茎膨大的同时，开始抽生似叶状茎的花茎，顶端着生穗状花序，但大多不能正常结实。

越冬休眠期

11月上旬～翌年3月下旬

当气温逐渐降低至3摄氏度时，荸荠地上植株部分逐渐停止生长，倒伏。养分转入地下球茎内，进入休眠期，直至地上部分完全枯死，匍匐在田中。成熟球茎在土中越冬，越冬后球茎皮色一般会略微加深。

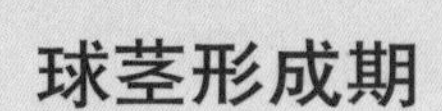

球茎形成期

9月上旬～11月上旬

从地下匍匐茎先端开始膨大形成球茎到球茎充分成熟为球茎形成期。进入秋季以后，气温开始降低，日照变短，分蘖分株逐渐停止。地上茎绿色加深，同时，地下匍匐茎先端开始膨大形成球茎。球茎的皮色由白色逐渐加深变成黄色，棕色，再加深为紫红色（有些品种色泽接近黑褐色），此时含糖量最高。达到充分成熟，前后约需70天。球茎膨大的最适温为15～20摄氏度。

系 品种

荸荠属约有150多种，我国产20多种和一些变种，本书所称的荸荠便是其中一种。分布于整个华南，在各地又形成不同的栽培品种。各品种间变异较小，没有特征特性完全不同的品种，主要从顶芽的尖钝长短、脐部凹平以及色泽来区分。依据顶芽尖钝和匍匐茎端的脐洼深度，可将荸荠分为平脐和凹脐两种类型。平脐型，顶芽尖，球茎较小且脐部与四周底部基本相平，含淀粉多，肉质粗，适于熟食或加工淀粉；凹脐型，顶芽钝，球茎较大且脐部有较深的凹陷，水分多而淀粉少，肉质甜嫩，渣少，适于生食及加工罐头。

●苏荠

江苏省苏州地方品种。分布于苏州境内的水网密布区，栽培历史悠久。株高80～110厘米。球茎4节，扁圆形，顶芽短直，脐部凹陷较深，皮薄，呈红褐色，肉白色。单个重15～20克，高2厘米、横径3厘米左右。口感脆嫩，品质好。抗病力较弱。产量略低，亩产750～1250公斤。生熟食皆宜，适于加工制罐头，且耐贮运。

●桂林马蹄

广西桂林市地方品种。球茎扁圆形，通常高2.4厘米，横径4厘米，单个重30克。顶芽粗壮，二侧芽常并立，故有“三枝桅”之称。皮红褐色，肉白色，糖分较高，肉质爽脆甘甜多汁，品质优良，以鲜食为主。抗倒伏力较强，耐贮运。亩产1500～2000公斤。

●宣州大红袍

安徽省宣城市地方品种，栽培历史悠久。球茎扁圆形，通常高约3厘米，横径5厘米，单个重30克。芽粗壮，脐平，皮薄，鲜红色，肉白色。渣少味甜品质好。亩产2000公斤以上。

●余杭荠

浙江省杭州市余杭区地方品种。球茎扁圆形，顶芽粗直，脐平，皮薄，棕红色，单个重20克左右。味甜渣少，适于鲜食和加工制罐头，亩产1000～1200公斤。

注：此页品种照片（除宣州大红袍外）来自《苏州水生蔬菜实用大全》

荸荠的采收

造

收 采收

荸荠结球末期，地上部分逐渐出现易倾斜倒伏的情况，表明球茎已成熟，即可采收上市。也可留在田间，直到第二年春季，随时采收。6～7月播种的荸荠，采收适期为11～12月。早期采收的球茎，肉质嫩，味不甜，皮色尚未全部转红，皮薄不耐贮藏，但淀粉含量较高，适合制作淀粉。12月下旬以后，球茎皮色转为红褐色，含糖量高，味甜多汁，最宜食用或加工制罐。当年不售或留种的于田间越冬贮藏，球茎皮色转为黑褐色，表皮变厚，肉质逐渐粗老，含糖量减少。

荸荠采收俗称“摸荸荠”，在采收前一天，应排干田间水，保持土壤烂软，便于挖出，并视田土软硬情况，戴手套扒开淤泥，在泥中掏挖荸荠，以尽量减少球茎破损。

茎叶倒伏，表明球茎开始成熟

割去地面的茎叶

扒开泥土

初生的球茎皮色较白

逐渐加深为黄棕色

成熟时转为紫红色

过冬后皮色转为黑褐色

定植后的幼苗开始分蘖分株

荸荠旺盛生长，茎叶封行

荸荠田间管理

沿着线定植幼苗

苏州谚语说
慈姑千，藕八百，荸荠无数目
眼前稀疏的小苗
一两个月即长出密密麻麻的叶状茎
足见荸荠强劲的生命力

荸荠选种、浸种后进行育苗
盆中长出细茎的荸荠即将定植大田
农人拉好线、依序种下

定植好的荸荠田

长出幼苗的荸荠

造 管 田间管理

●水分调节

在种植时，田间灌浅水，以利定植。植株成活后，逐渐加深水层。在分蘖分株初期，田间保持2～3厘米深的水位，入秋以后，荸荠进入结球期，应再适当加深水层到5～10厘米，以减少无效分蘖、分株，提早结球，促进养分向球茎转运，提高产量和品质。结球后期逐渐回落至3～5厘米。最后保持约1厘米浅水越冬，保持田间湿润，以免土壤发生干裂，影响球茎品质。

●施肥

根据荸荠生长发育特性和对肥料的吸收特点，应着重施基肥。荸荠在分蘖期之前对磷的吸收较多，需以磷肥为基肥，生长前期多施氮、钾肥，促进分蘖分株，但追肥宜轻，避免茎叶生长过密感染病害。适当施好结球肥，注重补充钾肥，促进球茎膨大。

需在露水干后施肥，以免粘在茎叶上而灼伤植株。每次施肥前都应放干田水，施后一天复水，使肥料溶入水中，以利植株吸收。

●耘田除草

定植10天后即可耘田除草，以免株丛过密影响透风透光，待匍匐茎布满大田时停止，通常耘田3～4次。宜在上午较凉爽时进行，否则易损伤新生的叶状茎。

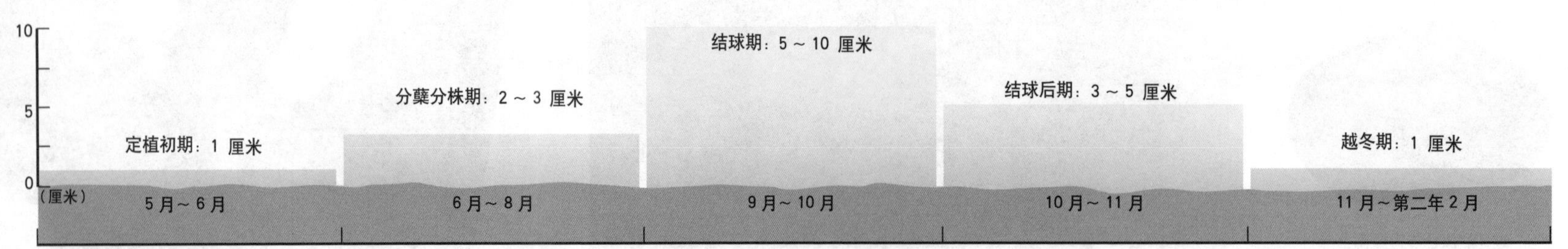

不同时期荸荠田水位高度

用 养

荸荠的营养与功效

文：黄文宜（中医师）

【饮食养生】

◎**地下雪梨**：荸荠富含热量、碳水化合物，其钾含量相当于水蜜桃的2倍、冬瓜的4倍，有助于生津止渴、利尿、预防水肿，对降低血压有一定效果。

◎**开胃消食**：荸荠含有的淀粉及膳食纤维，能促进大肠蠕动，食用有助于消食开胃、通肠利便。嫩者去皮后直接嚼食，老的可煮水饮汁，能助消化。

◎**低蛋白美食**：因蛋白质含量不高，可做成低蛋白点心如马蹄糕，不仅美味可口，也适合肾脏病患者解饥和补充热量。

【饮食治疗】

◎**性味归经**：味甘，性寒滑。入心、肝、肺、胃、大肠、足太阴脾、足厥阴肝经、足阳明经。

◎**功能主治**：清热、消食、醒酒、疗膈、杀疳、辟蛊、除黄、泄胀、治痢、调崩。

◎**食疗验方**：【大便下血】：荸荠捣汁大半盅，好酒半盅，空心温服。三日见效。痔疮患者常食荸荠也大有益处。【下痢赤白】：午日午时取完好荸荠，洗净拭干，勿令损破，于瓶内入好烧酒浸之，黄泥密封收贮。遇有患者，取二枚细嚼，空心用原酒送下。【妇人血崩】：荸荠一岁一个，烧存性，研末，酒服之。【小儿口疮】：用荸荠烧存性，研末，掺之。

◎**清热消炎**：中医认为荸荠是寒性食物，具有凉血解毒、化湿祛痰等功效，既可清热生津，又可补充营养。清代著名的温病学家吴鞠通治疗热病伤津口渴的名方“五汁饮”，便是用荸荠、梨、藕、芦根和麦冬榨汁混合而成。清代名医王士雄用荸荠与海蜇皮研制的“雪羹汤”，可消热祛痰、降低血压。现代实验已从荸荠中分离出一种具有消炎作用的生物碱。在呼吸道传染病流行季节，吃荸荠有利于流脑、麻疹、百日咳及急性咽喉炎的防治。

◎**抑菌防癌**：现代发现荸荠皮与果肉之间含有一种抗菌成分“荸荠英”，对金黄色葡萄球菌、大肠杆菌、沙门氏菌等有抑菌作用，并能抑制流感病毒，对肺部、食道和乳腺的癌肿亦有防治作用。此外，荸荠亦是尿路感染患者的食疗佳品。还有研究表明，常吃荸荠可以预防铅中毒。

【饮食节制】

◎小儿秋月食多，令脐下结痛。

◎荸荠口感清脆，民众常拿来当蔬果吃。事实上，它富含淀粉，应属五谷根茎类主食。糖尿病患食用时，要控制总淀粉摄取量。

【饮食宜忌】

◎中气虚寒者忌之，令腹胀气满。勿同驴肉食，令筋急。

◎荸荠易染姜片虫，吃时需削皮洗净，或用开水烫一至二分钟。■

注：

①文中所涉营养成分含量，均依据《中国食物成分表（第一册）》，北京大学医学出版社，2009年第2版。

②文中所涉中医内容，主要参考《本草纲目》等古籍。

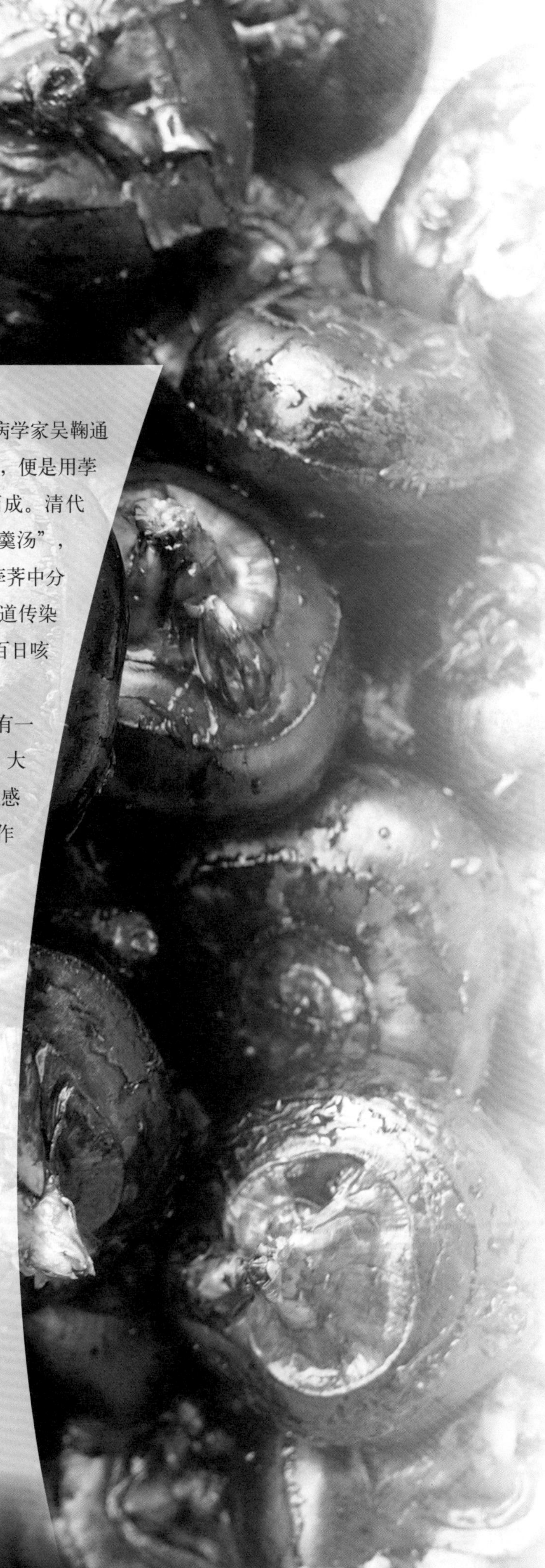

用 食

焐熟荸荠

苏州市江湾村 胡敬东制作

主料：

荸荠500克

准备：

将荸荠清洗干净。

制作：

1 把荸荠放入煮锅中，加水略没过荸荠，盖锅大火烧开。

2 转为小火，焐约50分钟，即可捞出，剥皮食用。

荸荠的采收

在泥中摸荸荠

收集挖出的荸荠装袋

地面植株倾斜伏倒
预告地下球茎成熟了
采收之前排干田水
割去长茎，扒开淤泥
轻轻掏出荸荠
堆满小盆再集中入袋
"摸荸荠"手上脚下都是功夫
不愿损坏或遗漏任何球茎

处理贮藏

荸荠球茎挖出之后，剔除破损的球茎，可以带泥晒干贮藏。荸荠的贮藏要求地势高燥，低温且温度变化小的环境。选皮色深、脐部深、芽粗短的球茎带泥摊置阴凉处，至八成干时撒上细干土，即可窖藏或堆藏，以备做种。

【窖藏法】选择地势高燥的地方，挖长、宽各100厘米，深80～100厘米，底略宽的地窖，将种荠或食用荸荠铺入窖内，每放20～25厘米厚时，撒上0.5～1厘米干细土一层，以吸收球茎中散出的水分，如此层层堆积，至窖口20～25厘米时，其上铺干细土封口，每窖贮放400～500公斤。

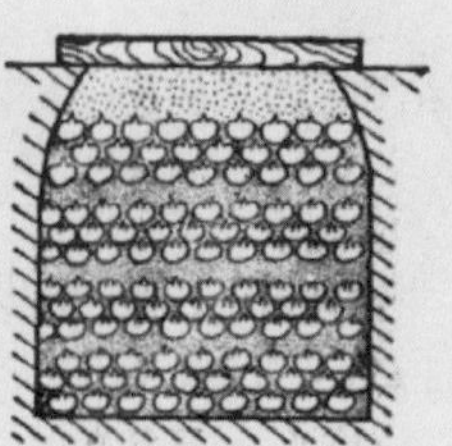

【堆藏法】将荸荠堆积在地面上，四周用草席围住，草席外用河泥涂抹，再堆上盖土和稻草，并涂泥封顶。堆藏的高度一般不超过100厘米。

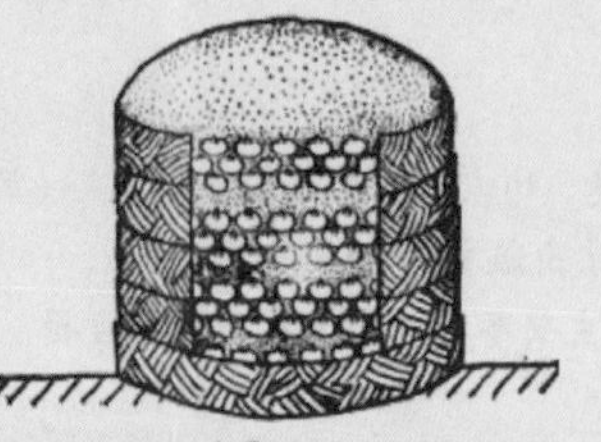

过冬之后地面植株完全倒伏干枯

留种

在荸荠生长后期，选择群体生长整齐、无倒伏、无病虫害的丰产田块作为留种田。翌年3月末至4月采收种荠后，早水荸荠可立即催芽播种，伏水荸荠则多利用早播荸荠的分蘖分枝苗移栽，晚水荸荠需选择优良种球，堆藏至6～7月播种育苗。

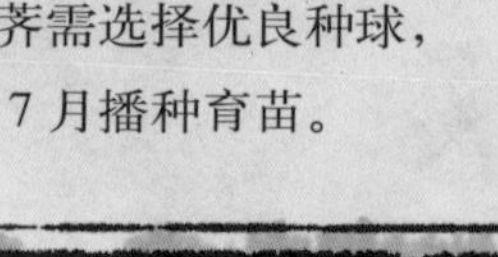

雪菜荸荠炒冬笋

上海市 叶卫田制作

主料：

荸荠 150 克
冬笋 150 克
青椒 100 克
腌雪菜 50 克

调料：

食用油 2 大匙
盐 1 小匙
料酒 1 大匙
葱段 100 克
白胡椒粉 1 小匙
鸡精 1 小匙
酱油 1 大匙
白糖 2 大匙
香油数滴

准备：

1 荸荠去皮，剜去头尾，洗净，切成约 2 毫米厚的薄片。

2 冬笋洗净切成约 2 毫米厚的薄片。青椒去籽洗净，切片。腌雪菜切成寸段。

制作：

1 炒锅中放食用油 2 大匙，大火烧热，放入荸荠、冬笋、青椒，翻炒 1 分钟，放盐 1 小匙，料酒 1 大匙，放入雪菜段，翻炒均匀。

2 放入葱段，加白胡椒粉 1 小匙，鸡精 1 小匙，酱油 1 大匙，白糖 2 大匙，翻炒 2 分钟，滴入香油数滴，翻炒均匀，即可起锅。

此菜口感鲜甜
若喜食甜，可以再抓一把葡萄干撒入
更增丰富口感

荸荠炒肉丝

苏州市江湾村 胡敬东制作

浙江宁波慈城金源 胡雪芬制作

甘蔗荸荠糖水

主料：

甘蔗 300 克
荸荠 200 克

准备：

1 甘蔗洗净，切成约 5 厘米长的段。
2 荸荠洗净，剜去头尾。

制作：

把甘蔗和荸荠放入锅中，加足量水（以没过为宜），大火煮开，转小火煮 1 小时。取汁饮用。

要诀：若喜食甜，可加入适量冰糖或蜂蜜。若春夏之际，也可加入嫩竹叶同煮，民间说法小孩食用后可预防暑天长痱子。

这是一道南方人家在秋季常喝的饮料
秋干物燥的季节，饮一杯甘蔗马蹄糖水
是润喉清火的最佳健康饮品

主料：

荸荠 200 克

瘦肉 150 克

调料：

食用油 2 大匙

黄酒 1/2 大匙

盐 1 小匙

葱花少许

姜末少许

准备：

1 将荸荠洗净、削皮，切成约 1 毫米厚的薄片。

2 将瘦肉切成约 3 厘米长的细丝。

制作：

1 炒锅中倒入两大匙油，中火烧热，下姜末炝锅，炒出香味，下肉丝翻炒 1 分钟至发白。

2 加水 2 匙，黄酒 1/2 大匙，烧 1 分钟收汁。

3 倒入荸荠、盐 1 小匙，翻炒 2 分钟。

4 撒葱花，翻炒均匀，即可出锅。

荸荠可以解除肉类的油腻
是一道简易可口的家常小炒

青椒荸荠炒肉片

苏州市 周其昌制作

主料：

荸荠 300 克
青椒 100 克
瘦猪肉 100 克

调料：

食用油 2 大匙
黄酒 1 大匙
盐 1 小匙
淀粉 1 大匙

准备：

1 将荸荠洗净，削皮，纵切成约 5 毫米厚的小片。
2 将青椒去籽，洗净，切成约与荸荠片同大的薄片。
3 将瘦肉洗净，切成约与荸荠片同大的小片，加黄酒 1 大匙、盐 1/2 小匙、淀粉 1 大匙，抓匀腌 10 分钟。

制作：

1 炒锅中放食用油 2 大匙，大火烧热，倒入腌好的肉片，炒至发白，倒入半杯水，盖锅炖 5 分钟，出锅备用。
2 另起锅放食用油 1 大匙，放入青椒片，炒 2 分钟。
3 倒入荸荠片，翻炒 2 分钟。
4 倒入炒好的肉片，加盐 1/2 小匙，味精 1/2 小匙，翻炒均匀，即可出锅。

荸荠是这道菜的主角
猪肉和青椒作为提味的搭配
不必太多，方显清爽

荸荠炒虾仁

苏州市前港村厨师 殷世芳制作

主料：

荸荠 250 克
虾仁 200 克

调料：

食用油 2 大匙
淀粉 1 小匙
姜丝少许
料酒 1 小匙

准备：

1 将荸荠洗净，削皮，切成约蒜瓣大的滚刀块。

2 将虾仁加淀粉 1 小匙，水少量，搅匀腌 1 分钟。

制作：

1 炒锅中放油 2 大匙，中火烧热，倒入姜丝炝锅。

2 倒入虾仁，翻炒 2 分钟至变红。

3 倒入荸荠块，加料酒 1 小匙，翻炒 1 分钟，即可出锅。

马蹄芡实糕

苏州市得月楼大厨 陈军制作

主料：

马蹄粉 750 克
荸荠 500 克
芡实 500 克

调料：

白糖 1250 克

特殊工具：

蒸盘（内铺锡纸）

准备：

1 将芡实用开水汆烫 1 分钟，备用。
2 将荸荠洗净，去皮，纵切成约 1 毫米厚的薄片。
3 马蹄粉加水 4000 克化开，调成粉浆，装大盆中备用。

炒白糖

小火炒至融化

马蹄糕以马蹄粉（即荸荠粉）制成
晶莹剔透，甘甜爽滑，又带有一丝荸荠清香
是一道经典的广式小吃

制作：

1 将白糖倒入炒锅中，用小火慢炒约6分钟，不停搅拌，至白糖基本融化，变为焦黄色。

要诀：须用小火，火太大糖易烧焦。

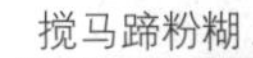

2 加入水1250克，大火烧开，不停搅拌，熬成糖水。

3 先舀两杯马蹄粉浆倒入糖水中，搅匀。再把糖水倒入装有马蹄粉浆的盆中，用打蛋器向同一方向打圈，充分搅拌均匀，成细腻的糊状。

4 倒入荸荠和芡实，搅匀。

5 把拌匀的粉浆倒入蒸盘，上蒸笼蒸一小时即可。待凉后切成小块食用。

加水熬成糖水

搅马蹄粉糊

将加入荸荠和芡实的粉浆倒入蒸盘

荸荠饼

选自汉声《中国米食》

主料：

水磨籼米粉 3/4 杯
荸荠 1500 克
红豆沙馅 300 克

调料：

食用油足量
白糖 1/2 杯
淀粉 1 大匙

特殊工具：

擦床

准备：

1 荸荠去皮去头尾，洗净，用擦床磨成碎渣，再将渣里的荸荠汁挤压到碗中备用。
2 荸荠渣与籼米粉 1/2 杯和匀。
3 淀粉 1 大匙加少量水，调成水淀粉。

制作：

1 将豆沙揉成一个个直径约 1 厘米的小团。
2 将豆沙团裹上拌了籼米粉的荸荠渣，揉成直径约 3.5 厘米的圆团。
3 锅中放足量油（以能没过荸荠团为准），大火烧热，转为中火，逐一放入荸荠团，不停轻轻翻动，炸 1 分 30 秒，至变为金黄色。
4 捞出沥去油分，用铲子稍微按扁，即成为荸荠饼。
5 另起锅放入荸荠汁 1 杯，加水 1/2 杯，白糖 1/2 杯，大火煮开，徐徐倒入水淀粉勾芡，搅拌至汤汁微稠，即成荸荠糖汁。
6 食用时夹荸荠饼蘸取荸荠糖汁即可。

米香加上荸荠，清甜的香味
形成这道令人难忘的点心
夹一个荸荠饼，蘸一下荸荠汁，更添甜香

苏州礼耕堂点心师 宋兆远制作

云英糕

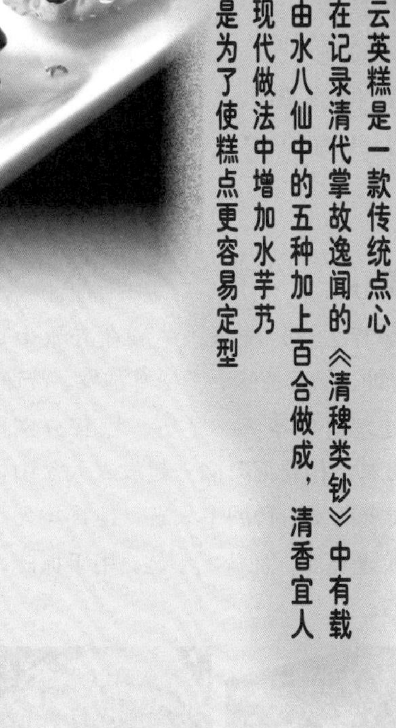

云英糕是一款传统点心
在记录清代掌故逸闻的《清稗类钞》中有载
由水八仙中的五种加上百合做成，清香宜人
现代做法中增加水芋艿
是为了使糕点更容易定型

主料：

荸荠 100 克
慈姑 100 克
芡实 50 克
莲子 50 克
百合 80 克
红菱 100 克
水芋艿 100 克

调料：

白糖 1 大匙
桂花少许

准备：

1 荸荠、慈姑去皮洗净切片。
2 水芋艿去皮洗净切小丁。
3 莲子、红菱去皮洗净。
4 芡实、百合洗净备用。

制作：

1 将荸荠片、慈姑片、水芋艿丁、莲子、红菱、芡实、百合一起上锅大火蒸 20 分钟，至全部熟烂，取出稍放凉。
2 将所有蒸熟的原料放进搅拌机，加适量水，打成细腻的糕泥。加入白糖 1 大匙，拌匀。
3 将糕泥上锅大火再蒸 15 分钟，取出揉合成团，分成小块放入定型托纸中，压实，撒上桂花即可。

豆腐荸荠肉丸子

上海市 叶卫田制作

主料：

老豆腐 500 克
荸荠 150 克
五花肉馅 200 克
冬笋 100 克
干松茸（或冬菇、香菇）50 克

调料：

姜末适量
料酒 1 大匙
盐 2 小匙

准备：

1 将荸荠去皮，洗净。冬笋在开水中焯 1 分钟，除去涩味。干松茸泡发，洗净。

2 将处理好的荸荠、冬笋、松茸分别切成细末，和五花肉馅一起放入大盆中，加姜末适量，料酒 1 大匙，搅拌均匀。

3 放入老豆腐，加盐 1 小匙，用手抓碎，和匀。

制作：

1 蒸锅中加足量水，置于灶上。一手抓一团馅，从虎口处挤出丸子，另一手持勺子挖出，放在蒸笼中，至一一摆满。

2 盖笼盖大火蒸 10 分钟，即可出锅。

要诀：蒸熟后，装入大碗中，在丸子上淋几大匙高汤，继续蒸 5 分钟，口感更鲜。

1
3
2
4
豆腐中加入荸荠
可在软嫩中增加爽脆的口感
这道肉丸极为鲜嫩，且营养丰富
非常适合老人儿童享用

荸荠圆子汤

苏州礼耕堂大厨 叶华制作

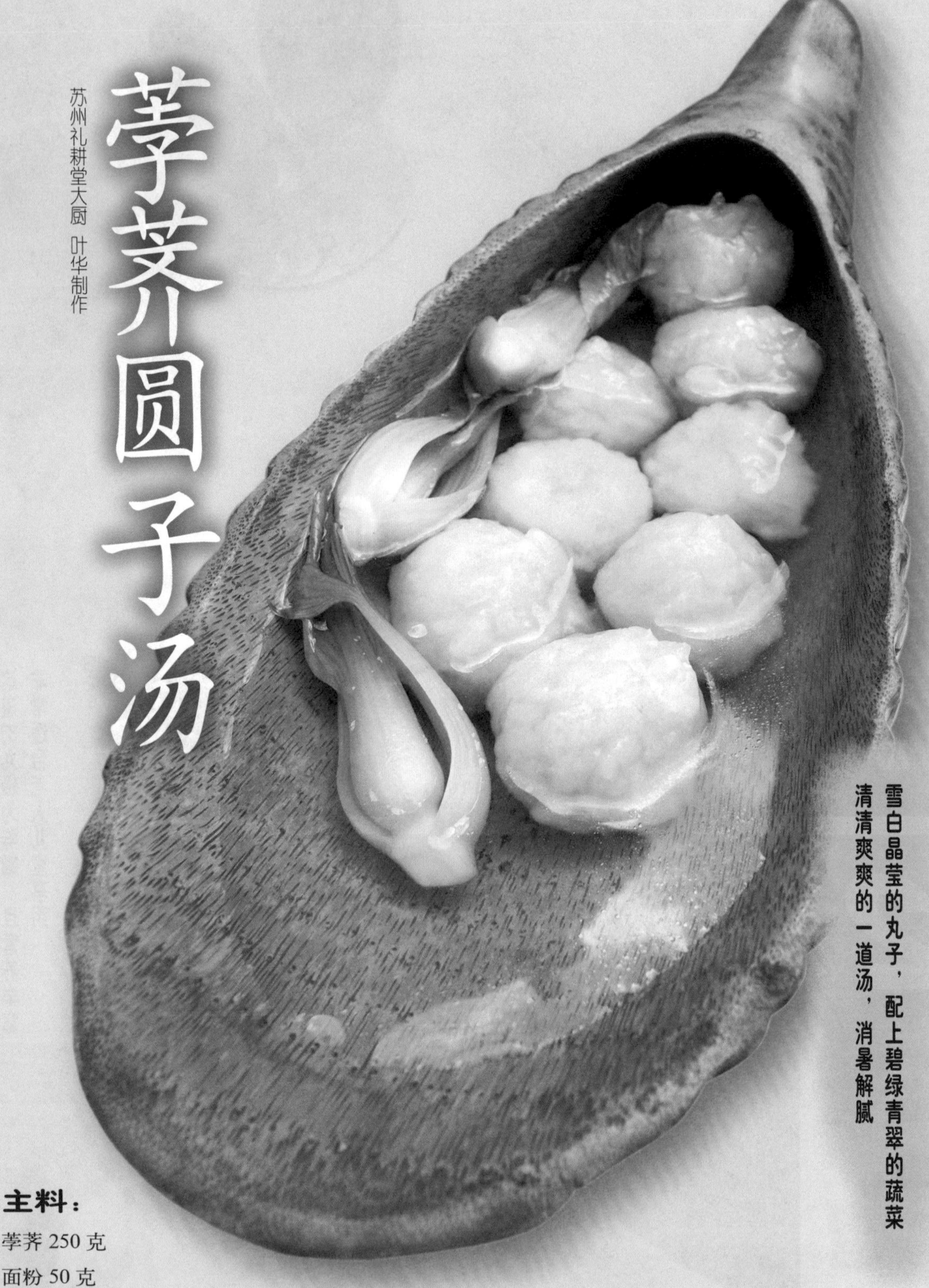

雪白晶莹的丸子，配上碧绿青翠的蔬菜
清清爽爽的一道汤，消暑解腻

主料：

荸荠 250 克
面粉 50 克
虾仁 50 克

调料：

食用油少许
淀粉少许
盐 2 小匙
味精 1/2 小匙

准备：

1 荸荠削皮，剜去头尾，洗净，切成细丁，挤去水分，加面粉 50 克，盐 2 小匙，味精 1/2 小匙，拌匀。

2 虾仁洗净，细细切碎，放入荸荠丁，拌匀，揉成圆子，外滚一层淀粉。

要诀：外裹淀粉可使成熟后晶莹剔透。

制作：

1 锅中放足量水，大火烧开后放入荸荠圆子，煮熟，连汤盛出。

2 另起锅烧开水，放少量食用油，放入青菜，煮熟后捞起，过一遍冷水。

3 将青菜放入汤中，即可。

清炒素虾仁

苏州新聚丰大厨 马波制作

主料：

素虾仁300克（荸荠粉制）

调料：

食用油足量
盐2小匙
味精1/2小匙
淀粉1小匙

准备：

1 素虾仁加盐2小匙，味精1/2小匙腌10分钟。

2 淀粉1小匙加少量水调成水淀粉备用。

制作：

1 锅中放足量食用油，大火烧至四成热，下入素虾仁，炸30秒捞起，沥去油分。

2 用水淀粉勾一层薄芡，即可。

素虾仁可从市场买到制好的成品形状同嫩滑的口感都与虾仁相似以前是用生荸荠做成虾仁状现改良为用荸荠浆做成的荸荠冻

采访手记

（上接第2页）

8月份我们来到江湾村时，田中已经完全看不出空隙，被荸荠细长的叶状茎给挤得满满当当的。荸荠的叶状茎高的已经长到将近一米，粗不过半厘米。掐一根下来，发现也是如同水葱一样，皮薄中空，一捏就扁，但更为脆硬一些。撕开一看，原来茎管里面，还长满了白色的横隔膜。隔膜上还有小孔，以供空气流通，往下输送养分。

入秋以后，天气逐渐转凉，荸荠开始开花结果，匍匐茎逐渐停止分株，在地下开始结成球茎了。10月份的江湾村，荸荠田已经不如此前那么挺拔，大片大片的叶状茎随风倒伏，油绿的茎管颜色也加深不少，映着秋日的阳光，像一片绿色的波浪。走近观察，能够看到不少茎管的尖端长着细细小小的穗状花序，略微呈黄褐色。

这时正好有一帮农户在一边采收。我们便请一位农民帮我们挖出一粒荸荠来。这时的荸荠还未成熟，表皮还是白色的，个头比较小，但是已经可以看出荸荠的外形了。

农民帮我们挖出一粒早熟的荸荠来

●烂泥地里挖荸荠

一个月之后，荸荠就逐渐成熟，可以根据上市计划，逐步分块采收了。11月的荸荠田，地上的茎管已经停止生长，并逐渐倒伏。完全枯死以后，枯黄的荸荠秆顺着一个方向彻底倒在田中，像铺了一层厚厚的草垫一样。荸荠在田里可以一直越冬留存到来年春天，随需随采。所以我们在冬天和春天的江湾村，都碰到了好几次挖荸荠的场景。

挖荸荠和挖慈姑很像，又叫“摸荸荠”，而且也大多是农妇在操作。采收前，先开沟排水，把田里的水放干，并保持土壤烂软，便于挖取。七八位农妇扎着头巾，穿着橡胶靴，套好袖套和手套，在田中一字排开，从田埂一端开始，逐步向前推进。每位农妇面前都摆着一个脸盆，弯腰俯身在面前的淤泥中掏挖，摸到荸荠便丢入脸盆中，装满后运到田埂上装袋。

尽管已经排过水，但是烂泥中还是有不少水分，所以挖荸荠的时候会坑坑洼洼的踩出不少水坑，为了方便挖取，农妇有时还要用瓢舀掉坑中的水再继续挖。时近寒冬，定是十分辛苦，我们在一边拍摄，农妇们嬉笑怒骂，自娱自乐，也减少了不少劳作的乏累。

●荸荠的吃法

荸荠可以生吃，肉质白嫩，清脆爽口；也可以熟食，搭配炒菜也十分爽口，荤素皆宜；还能加工成荸荠罐头、荸荠粉。

生食荸荠去皮即可，为了避免细菌和寄生虫，最好滚水烫过再吃。简单的吃法还有焐熟荸荠，把荸荠带皮洗净，在锅中蒸煮熟透即可，熟了以后的荸荠，皮变得极好剥除，但也略失爽脆的口感。

荸荠收获之后，江湾村的胡主任、前港村的殷师傅、苏州周晨的老父亲、上海的叶老师都帮我们烧了几道荸荠菜。像青椒荸荠炒肉丝、荸荠炒肉丝、荸荠炒虾仁、荸荠炒冬笋，都是当地家常的菜肴，荸荠搭配其中，给油腻的餐桌带来不少清爽。另外还可以把荸荠切成末，做成豆腐荸荠丸子，也是一道美食。

胡主任夫妇正在处理荸荠

荸荠挖起洗净之后，要尽快吃完，否则容易干瘪腐坏。但胡主任告诉我们，苏州还有一种传统吃法，把新鲜的荸荠带泥挖起，剔出伤残腐烂再拽掉底部残留的匍匐茎，装在袋子里或者竹篮中，挂在屋檐下通风处自然阴干，就是别具地方特色的“风干荸荠”。因为水分减少，风干荸荠表面皱缩，尽管卖相不好看，但把表皮一点一点剥掉之后，吃起来却比鲜荸荠更有味道，糖分高，口感细腻，别有风味。关键的是贮藏期很长，可以一直吃到来年春，是年节里的佳品小食。明正德《姑苏志》中称“荸荠……色黑而大，带泥可以致远”，所指大约即此。

在周晨家里采访水八仙菜肴制作时，周晨的老父亲还告诉我们，老苏州过年烧年夜饭时，会在饭里埋几个荸荠。这里的荸荠寓意“元宝”，谁在饭里挖到了“元宝”，来年必定会发财。特别是小孩，在饭里发现有荸荠时，都会开心大叫，给年节增添不少喜庆的气氛。乾隆间苏州顾禄《清嘉录》云：“煮饭盛新竹箩中，置红橘、乌菱、荸荠诸果及糕元宝，并插松柏枝于上，陈列中堂。至新年蒸食之，取有余粮之意，名曰年饭。”可见这种风俗由来已久。■

文史篇

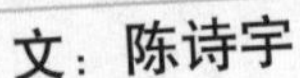

从“凫茈”到“必齐”

——荸荠漫谈

文：陈诗宇

荸荠最早见于文献的名称是“芍”和“凫茈”，两千多年前《尔雅·释草》和《说文·艸部》均提：“芍，凫茈。”“凫”即生活在池泽中的野鸭，“茈”通“紫”，指荸荠成熟以后发黑紫色的球茎，是野鸭爱吃的部分，所以可能因此而得名“凫茈”。罗愿《尔雅翼》便采用了这个解释：“凫茈生下田中……名为凫茈，当是凫好食之尔。”后来又出现了符訾、凫茨、蒲脐等音近的写法。

荸荠下部有一凹陷，颇似肚脐，所以也有人认为是因形而得名，写成“勃脐”，其实不然。“凫茈”与“荸荠”中古以前发音接近，北宋《本草衍义》中出现了“荸荠”的写法，从而又衍生出了荸脐、勃荠、勃剂、鼻剂等等称呼，均是自“凫茈”音转而来，早在明代，李时珍《本草纲目》中便已经意识到这一点：“……凫喜食之，故《尔雅》名凫茈，后遂讹为凫茨，又讹为葧脐。盖切韵凫、葧同一字母，音相近也。”清代以来的训诂学家，基本也都持这一观点，如朱骏声《说文通训定声》：“凫茈，今声转谓之‘蒲齐’，亦谓之‘荸脐’是也。”

荸荠食用部分是长在地下茎先端膨大的球茎，表皮的颜色较深。因为颜色、外形的关系而有许多别名。如“乌芋”，《本草纲目》：“乌芋，其根如芋而色乌。”因为生在水里，也有“水芋”之名。荸荠的外观和色泽都酷似栗子，宋代郑樵的《通志》中就称之为“地栗”，这个名字一直沿用至今天江浙的一些地区。巧的是，荸荠的英文名“Chinese water chestnut”就是“中国水栗”的意思。荸荠肉雪白脆嫩，可比于梨，有些地方把“地栗”写作“地梨”，北京、江苏甚至还有“天津鸭梨不敌苏州大荸荠”“荸荠赛过山东甜水梨”的说法。又因为长在地下匍匐茎的尾端，福州一带也把荸荠叫“尾梨”。荸荠的生长环境和食用部位都和慈姑接近，所以有些地区如四川、湖南的部分区域，也把荸荠叫“红慈姑”，甚至直接就叫作慈姑。

在两广一带，荸荠还有个名字叫“马蹄”，有人认为是因其“状若马蹄”而得名，或为误释。荸荠外形与马蹄难以建立联系，而两广方言中，食用的“马蹄”与马足之“马蹄”读音也不同，所以不宜从字面意思解释。周振鹤、游汝杰先生从语言学角度研究，利用闽粤方言以及壮、傣、水语的材料分析，“马蹄”的读音其实是古壮侗语的底层遗留，“马(ma)”是果类的前缀，“蹄(thai)”为地下之意，“马蹄”即“地下的果子”，其论证充分，颇让人信服。

造物有意防民饥

野生的荸荠个头小，颜色也黑，质地粗糙多滓，但含有比较高的淀粉，中国人很早就发现其可食性。东晋郭璞称其“根如指头，黑色，可食”，宋代寇宗奭说荸荠“正二月，人采食之。此二等药中罕用，荒岁人多采以充粮。”《佩文斋广群芳谱》录有明代江苏高邮散曲家王磐的一首《题野荸荠图》：“野荸荠，生稻畦。苦薅不尽心力疲，造物有意防民饥。年来水患绝五谷，尔独结实何累累。”刘一止有诗：“南山有蹲鸱，春田多凫茈，何比泌之水，可以乐我饥。”可见在荒年或者水患之后，粮食绝收，此时池泽中的野荸荠就成了很好的救荒食品。除了直接吃或煮熟，荸荠也可制成淀粉，明代《救荒本草》荸荠条中的“救饥”也说：“采根煮熟食，制作粉食之厚人肠胃，不饥。”

野荸薺 四時采生熟皆食

野荸薺生稻畦苦薅不盡心力疲造物有意防民饑年來水患絕五穀爾獨結實何纍纍

明嘉靖《野菜谱》野荸荠

百姓需要去挖荸荠，可见是遇到了饥荒。也有诗人借百姓挖荸荠，讽刺贪官中饱私囊。宋人郑獬《采凫茨》诗：“朝携一筐出，暮携一筐归。十指欲流血，且急眼前饥。官仓岂无粟，粒粒藏珠玑。一粒不出仓，仓中群鼠肥。”官府粮仓灾年不放粮，百姓只得到水泽去摸野荸荠，十指都要挖出血了。

说到荸荠在荒年中的救灾作用，还和历史上赫赫有名的“绿林好汉”有一段渊源。“王莽末，南方饥馑，人庶群入野泽，掘凫茈而食之，更相侵夺。新市人王匡、王凤为平理诤讼，遂推为渠帅，众数百人。……臧于绿林中，数月间至七八千人。”（《后汉书·刘玄传》）记载了新莽末年，荆州一带饥荒，百姓不得不涌入沼泽挖野荸荠充饥，由于人多荸荠少，甚至因此而引起争执，两位有名望者通过调解争斗最后当上了首领，率众起义，聚集在绿林山中，就是著名的“绿林军”。后世“绿林”“绿林好汉”也就被用来指代聚众山林间反抗政府或抢劫财物的组织了。

荸荠的颜色

早期荸荠多为黑紫色，所以很早就被称为“乌芋”。但自从荸荠成为中国人栽培的蔬果，在长年的培育下，荸荠的质量、产量、口感逐渐被改良，表皮的颜色也因品种、地区不同，而有不少变化，从近黑色、黑褐色、棕褐色到紫红、鲜红、棕红都有，所以会有“地栗”“红慈姑”“黑慈姑”之类冠以颜色比拟他物的名称。

栽培品种大多偏红紫，个头也比较大，口感脆嫩。关于颜色差异和品种、品质的关系，古人很早也有注意到，宋代寇宗奭《本草衍义》：“皮厚色黑，肉硬而白者，谓之猪葧脐；皮薄泽色淡紫，肉软者，谓之羊葧脐。”明代李时珍《本草纲目》：“野生者黑而小，食之多滓；种出者皮薄色淡紫，肉白而大，软脆可食。”明确归纳了野生品种和栽培品种之间巨大的差异。

到明代，不仅形成了地方栽培品种，甚至一个地区不同品种间的色泽也不相同。苏州所出的荸荠，便有红色和黑色两种。明代《姑苏志》：“葧荠，即凫茨，出华林者色红味美，不能耐久；出陈湾者色黑而大，带泥可以致远。”《吴门表隐》：“荸荠出葑门外湾村，色黑；出华林，色红，味皆甘嫩。”

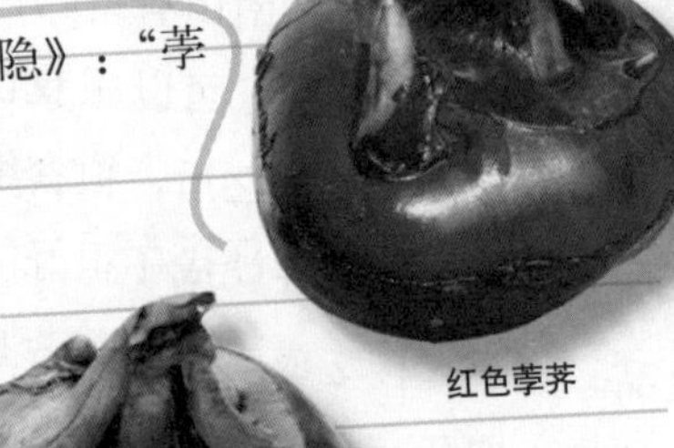

红色荸荠

黑色荸荠

在江浙，民间还用荸荠来形容一种发褐的朱漆，称为“荸荠漆”“荸荠红”。周作人在《关于荸荠》中写道：“荸荠自然最好是生吃，嫩的皮色黑中带红，漆器中有一种名叫荸荠红的颜色，正比得恰好。”

被成功引种至北方的荸荠

荸荠适合长在温暖湿润的沼泽浅水中，所以人工栽培也以南方为早、为主，比如江浙、湖广等地。明代王世懋《学圃杂疏·蔬疏》：“荸荠，方言曰地栗。亦种浅水，吴中最盛。”明代弘治年间吴县知县编撰的《便民图纂》中详细地记录了苏州荸荠的栽种方法。在明代嘉靖间，荸荠就是由南京通过大运河运送至北京的贡品之一。自明代至今，苏州葑门外一直是荸荠的著名产地，尤其是车坊，所产荸荠行销各地。许云樵在《姑胥》中说到，车坊荸荠也称虎口荸荠，其大小可至虎口之间，清末时运至北京，据说三钱银子才能买一个。所以对于不盛产荸荠的北方来说，质量好的荸荠还是很珍贵的。

但荸荠的种植，至少在明后期也被成功引入北方。明代万历年间顾起元所著《客座赘语·果木移植》中说：“以北就南则生，以南就北则死，理固应尔。然宋艮岳种荔枝结实，徽宗曾以赐近臣。今以南之荸荠种于宝坻、三河，所结实形大而肉香脆，反逾于南土者。物之变化，亦叵定也。”宝坻和三河都在京津一代，可见当时北方已经成功引种荸荠，并且品质还不错。

齐如山在《华北的农村》里提到，北京的确也种荸荠，而且“北平种此最为讲究，必须每年由涿州选种，在玉泉山一带种植，这种荸荠大而肥，脆而甜，当然是水分大，最宜于生吃。此种在涿州产者，并不如此之好，倘在玉泉山连种二年，也就差了”。还注意到了荸荠不宜连作的特点。

生熟皆宜的荸荠

荸荠可以直接当作鲜果生吃，在荸荠采收的时节，路边、菜场常有小贩在摊边用竹片或刨刀把新鲜荸荠的皮削光（吴方言称之为“扦”），称斤散卖或者用竹签将几只串成串出售，叫作“扦光荸荠”或“扦光地栗”。削好的荸荠白嫩如脂，上海人还用“扦光嫩地栗”来形容雪白粉嫩的状态，十分贴切。而天津人用荸荠与山楂串糖堆儿，山楂和荸荠红白相映成趣，看着便令人垂涎。

若嫌生荸荠不够卫生，还可以将其煮熟（吴方言称为“焐熟”）吃，叫“焐熟荸荠”，也有地方叫“荸荠果”。荸荠煮熟之后，皮变得更为好剥，脆嫩的口感犹存，甜味似乎还有所增添，和扦光荸荠一样都是受孩童欢迎的小吃。清末《图画日报·营业写真》有一幅“卖焐熟荸荠”，上有词曰：“焐熟荸荠熟而甜，一串一串竹片扦。心爱不妨买两串，小吃只费几个钱。我闻荸荠生者可克铜，一经焐熟便无功。”甚至还提到了荸荠焐熟之后，传说中的“化铜”功效便会减弱的说法。

清宣统《图画日报·营业写真》卖焐熟荸荠

明代归有光是江苏昆山人，他在一篇回忆故去家婢的文章《寒花葬志》中，也提到了焐熟荸荠：“一日，天寒，爇火煮荸荠熟。婢削之盈瓯。予入自外，取食之，婢持去，不与。魏孺人笑之。”虽寥寥数笔，却写出了一幕生动的小场景：寒冬中，小丫头烧火煮熟荸荠，又削好皮装在碗里，归有光回家来，便伸手拿着要吃，丫头端走不给他吃，妻子也笑话了。

如前文所提，荸荠也可以制淀粉，称作“荸荠粉”或“地栗粉”“马蹄粉”。北宋《太平寰宇记》有高邮军（今江苏高邮）进贡“凫茈粉”的记载。南宋林洪的《山家清供》介绍了“凫茨粉”的做法，“采以曝干，磨而澄滤之，如绿豆粉法”“其滑甘异于他粉”。荸荠粉的用处很多，既可以当作勾芡的好材料，也能做成晶莹剔透的马蹄糕或者凉粉，甘甜爽滑又带有一丝荸荠清香。

还有一种吃法是“风干荸荠”，冬天把刚刚采收下的带泥荸荠放在篮或筐里，悬挂在梁上或屋檐下，风干后可以挂一两个月也不会坏。由于蒸发掉部分的水分，这时的荸荠，表皮显得像黑枣一样皱巴巴，也许是浓缩的关系，撕去外皮一尝，果肉特别的甘甜浓郁。据说鲁迅也特别爱吃风干荸荠，甚至其文也被誉为“有风干荸荠味道”，因其篇幅不长，却也隽永深刻。

除了以上吃法，荸荠搭配其他食材入菜，也是常见的做法，荤素皆宜，能增添不少爽脆的口感。尤其是与荤菜搭配，不论是炒菜，还是将荸荠切成末，拌在肉中做酱、做馅还是做丸子，吃起来不仅口感丰富，也调和了肉类的油腻。

器物与艺术品中的荸荠

荸荠的形态像一个带尖的小扁球，齐如山提到，“凡物圆而扁者，都名曰荸荠扁”。所以许多造型圆扁的器物，往往就以“荸荠”之名形容之。如清代流行一种瓶式，称“荸荠瓶”，便因其器腹扁圆、形如荸荠而得名。

荸荠瓶

另外民间乐器中，有一种打击乐器，名为“荸荠鼓”，鼓体为硬木，鼓两面蒙皮，呈极扁的球形，形似荸荠。也称点鼓、怀鼓，在广东则被称为马蹄鼓，许多戏曲、曲艺伴奏中均会用到。据清代《扬州画舫录》记载：“以鼓为首，一面谓之单皮鼓，两面则谓之荸荠鼓。”

荸荠鼓

在紫砂壶“花货”中，常以各种瓜果植物形象为造型素材，荸荠也是其中之一。以球茎为壶身，顶芽为壶盖，平添生趣。紫砂器还有一种“肖形果品”，即用各色紫砂制成的蔬果形陈设、赏玩器，即所谓清供果子。用紫砂做成的荸荠果子，不论外形还是颜色，都惟妙惟肖，摆在茶盘中甚至能让人想取来食之。

紫砂荸荠

荸荠入画虽不多，但是在蔬果小品中也是个常见的配角，画面散落几个或红或紫的荸荠，倒也可爱。比如明代陆治《四时蔬果卷》，清代杨晋的《蔬果图卷》。

清杨晋《蔬果图卷》局部

吉祥年俗话荸荠

荸荠出产季节可以维持一个冬春，正好跨越新年，又因其外形和发音的关系，在各地年俗中，还被赋予了各种吉祥含义，寄托了许多美好的祝福。

在上海方言中，荸荠多称为“地栗”，发声和“甜来”接近，故与胶牙糖、慈姑一起，成为上海人祭灶时必备的供品，希望吃了“地栗”的灶王爷，向玉皇大帝汇报时多讲些“甜来”的好话。另外在福州一带，荸荠也取其“甜”意，和甘蔗、福橘一起被当作祭灶的供品之一，称为“祭素灶”。还有一首祭灶歌：“尾梨（荸荠）尖尖，灶君上天。灶君上天言好事，灶妈下地保护奴。保佑奴爹有钱赚，保佑奴奶福寿长。”

据清代记录江南民俗的《清嘉录》记载，过年前，苏州一带会把荸荠、乌菱等果子和糕元宝放在竹篓里的饭上，再插松柏枝，“陈列中堂，至新年蒸食之。取有余粮之意，名曰年饭”。直到现在，老苏州也还会习惯把几只荸荠埋在米中烧年夜饭，谁吃到荸荠，就意味着挖到了“元宝”，称为“掘元宝”，是吉利发财的象征。

元宝饭

苏州有一家很有名的茶食铺，叫“野荸荠”，创建于清乾隆十年。据说当时在临顿路钮家巷北口挖地基时，挖出一块带尖的扁圆形大石头，亮丽光泽、状似奇珍，好像一枚大荸荠。因为苏州年夜饭时挖到荸荠就是“掘元宝”的吉祥之意，店主索性借它的吉利，把“野荸荠”当作店铺招牌，图个好彩头，以期能兴旺发达。

无独有偶，从前老北京人过年也必备荸荠果，因为荸荠与“必齐”“毕齐”谐音，意谓全家团聚，老幼必齐，也表示年货备齐，要过一个团圆丰盛的大年了。■

绘图：刘镇豪

作家，江苏高邮人 **汪曾祺**

节选自汪曾祺：《受戒》

“揼”荸荠

“揼”荸荠，这是小英子最爱干的生活。秋天过去了，地净场光，荸荠的叶子枯了，——荸荠的笔直的小葱一样的圆叶子里是一格一格的，用手一捋，哔哔地响，小英子最爱捋着玩，——荸荠藏在烂泥里。赤了脚，在凉浸浸滑滑溜的泥里踩着，——哎，一个硬疙瘩！伸手下去，一个红紫红紫的荸荠。她自己爱干这生活，还拉了明子一起去。她老是故意用自己的光脚去踩明子的脚。

她挎着一篮子荸荠回去了，在柔软的田埂上留了一串脚印。明海看着她的脚印，傻了。五个小小的趾头，脚掌平平的，脚跟细细的，脚弓部分缺了一块。明海身上有一种从来没有过的感觉，他觉得心里痒痒的。这一串美丽的脚印把小和尚的心搞乱了。■

苏州甪直车坊江湾村农民 **马水根**

采访整理：翟明磊

荸荠难伺候

荸荠啊，种得省力，挖要人工，麻烦。一亩田要二十五个人工呢。

到了10月底，风一吹，上面秆子都倒下来了，老太婆们就要上场挖荸荠了。为啥都是老太婆呢，因为挖荸荠，男的年纪大了腰受不了，女的好一些。男的就想开咯，不赚这个钱。种荸荠啊，赚不到钱，今年只有七八毛一斤，亏了！

种荸荠成本大，难管理，不像慈姑长虫子看得见，用药水打得掉的。荸荠呢，发病都不知道。今天看到荸荠很好，明天就有病了，叶子枯黄了。荸荠这个病不容易发现，不管哪个人都这么讲的，所以化肥农药要打很多。以前使用粪肥，病少，农药打一两次就行了。现在不行了，慈姑十天打一次农药，荸荠一星期就要打一次。看不到病也要防一下。完全有机不可能，不现实，基肥没有了，肥料来源没有了。使用大粪病虫害少，但使用化肥省力。

荸荠怎么保存呢？泥巴不要洗，带土挂在篮子里风干就行，洗掉就不行了。洗掉不吃要坏掉的，我们一般放在口袋里。

荸荠可以生吃，可以炒着吃，鱼圆里放点碎荸荠，咬时有点松的感觉。

我们荸荠是没有药水的，市场上卖的荸荠有用漂白粉浸泡的，因为时间长要发黄的。用的就是泡豆芽的漂白粉，保持新鲜。

村里年轻人都上班了，种水八仙的最少四十五岁以上，四十五岁以下的不多了。我看种水八仙的技术是传不下去喽。问题关键是收入不高。收入高就传得下去了。■

民歌专家，北京人 **陈树林**

节选自陈树林编：《老北京叫卖调·河鲜儿类》

出痧子的宝物

荸荠虽是水中果品，在北京的销量很大，但其主产区不在本地，不属本地“河鲜儿”。市上的荸荠多由南方贩运而来，在秋、冬季至初春上市。荸荠原产印度，在我国的主要产区分布在江苏、安徽、浙江、广东等地。它又叫地栗、马蹄、乌芋，但这些都不是老北京的叫法。在北京，人们只叫它荸荠，偶尔有叫“地梨儿”。本地河塘虽然也产荸荠，但远不如外地来的荸荠个儿大、脆甜。开春儿后，人们愿意买些荸荠，拿到家里给孩子们吃。北方人视荸荠等水生植物为“表物”：在过去缺医少药、穷人看不起病的情况下，家里有小孩儿出痧子（麻疹），买些荸荠煮汤给孩子喝，可以把痧子“表”出来，促其快出快好。一时买不到荸荠或买不起荸荠的人家，遇到小孩儿出痧子，就只好到河塘边挖些芦苇根给孩子煮水喝。■

薛理勇 学者，上海人

旧上海的“扦光嫩地栗”

节选自薛理勇：《扦光嫩地栗》（《素食杂谈》）

江浙一带大多把“荸”念如 be（与方言中“白”“勃”“浡”“脖”的音相近），但是不知什么原因，在普通话中“荸”却念 bí。这“荸荠”是南方产物，而非得按北方的音来念，害得南方人经常念白字，而北方人讲“荸荠（bí qi）”时，南方人又根本听不懂。

梁绍壬是钱塘（今杭州市）人，约生于乾隆后期，曾在广东生活过一段时间。他的《两般秋雨盦随笔·菱落》讲：

菱角最易落，故谚曰“七菱八落”。前人以对“十榛九空”，工切无比。又，粤人呼荸荠为“马蹄”，以对“龙眼”，亦甚工也。

我童年的时候，上海的荸荠一般由小菜场或小的水果摊出售，通常可以分为两个大类。一种是鲜果，也就是刚采摘的，表面颜色亮而呈枣红色，含水分较高，有的小贩将表面扦（吴方言：用小刀将物体表面削去）光后，用竹签将几只串成一串出售，上海人叫作“扦光嫩地栗”。去表皮后的荸荠雪白粉嫩，直到今天，上海人犹以“扦光嫩地栗”比喻雪白粉嫩。还有一种是经吹干的荸荠，大多来自广东，上海人叫作“风干地栗”，也叫作“马蹄”，大多数上海人知道，这“马蹄”是荸荠的广东方言。“马蹄”含水分少，口感稍甜，易于储藏，上海人买回家后不急于食用，而是等到年终“派用场”。

…………

荸荠呈扁圆形，略似象棋子，在圆周处生有相围的细毛，很像旧时使用的木桶的“箍”。那时，许多地方用竹篾做“箍”，称“竹箍”，近代的上海则大多改用“铜箍”或“铁箍”。荸荠的“箍”呈黄色的，叫作“铜箍荸荠”，呈深色的叫“铁箍荸荠”，我们小时候就是这样叫的。当时人们认为荸荠有较好的助消食作用，所以小孩不宜多吃荸荠，吃多了会“刮油水”，使小孩消瘦，而遇小孩消化不良而积食时，大人们则会煮上一锅荸荠汤，食后有助消化。在我的记忆中，此方是颇灵验的。以前，男孩的发型往往是上下剃光，中间留一圈头发，现在大多被叫作“马桶头”，实际上其形似木桶箍，我们童年时大多讲作“桶箍头”，而在近百年之前，人们还把它叫作“荸荠头”。

荸荠中含有较高的淀粉，将荸荠洗净后研磨就可以获得水淀粉，再将其滤干后曝晒就成为淀粉，称“荸荠粉”，上海人则称之为“地栗粉”，是烹饪中勾芡的好材料。用地栗粉制作的糕点呈半透明状，上海人称之“地栗糕”，是暑日消暑食品。以前，上海有许多走街串巷的小食摊，有不少是在上海的广东人经营的，他们会用浓郁的广东音吆喝——“ji ma hu! heng din pei! Hai you ne ge ma lei gao!”我小时候根本不知道他们在吆喝什么，后来才知道，他们是在喊：“芝麻糊，咸煎饼，还有那个马来糕！”而到了夏日，这些广东摊贩又改卖“地栗糕”，实际上是一种广东凉粉，这种凉粉呈深色透明状，切成小块放入碗中，加些糖水、果汁和冰屑，味道还不错。后来我才知道，这种“地栗糕”最初是以地栗的淀粉做的，后来为降低成本，就大多改用一种英文叫作 jelly powder 的食用明胶替代。而 jelly powder 被广东的 pidgin English 讲作“啫哩”，与广东上海话“地栗”的发声十分相近，所以，谁也弄不清，这些在上海的广东人的“地栗糕”到底是用什么做的。■

叶放（辑） 画家、美食家，江苏苏州人

荸荠钩沉

＊ 元代贾铭在《饮食须知》中记载：荸荠，味甘，性寒滑，即地栗。有冷气人不可食，令腹胀气满。小儿秋月食多，令脐下结痛。合铜嚼之，铜渐消也。勿同驴肉食，令筋急。

＊ 清代顾仲在《养小录》说野荸荠：四月时采，生熟可吃。■

作家，浙江台州人 **王寒**

节选自王寒：《台州植物笔记·荸荠》

寻常物事惹人思

荸荠，在我们这里，是寻常物事，没甚稀奇。

台州产荸荠，民国时期，台州荸荠的产量，占了全省一半，其中尤以黄岩店头的荸荠，最为出名。

…………

家乡的荸荠是用锄头挖的。冬至时，荸荠可开挖，乡人用锄头在荸荠地里翻上一遍，一个个红彤彤的荸荠就露了出来。用锄头挖过的荸荠田里，难免有些漏网分子。孩子们便去捡漏，光着脚在烂泥里乱踩，踩到硬硬的一个，摸上来一看，一个紫红的大荸荠，那高兴劲儿，没法形容，把荸荠放水田里洗一下，洗去泥浆，往衣服里擦一擦，就往嘴里塞，咬在嘴里，甜汁四溅。除了这种圆头圆脑的荸荠，还有一种野荸荠，野荸荠只有指甲大小，深栗色，入口极甜，就是太小了，吃不过瘾。

荸荠价廉物美，水分又足，清口又解渴，但我嫌洗泥、削皮麻烦，街头有卖荸荠的，村妇手脚利落，拿一把小刨子，削皮动作快如流星，只一会，红褐色的皮落了一地，碗上是雪白的一堆。削了皮的荸荠，白嫩清灵，得赶紧吃，过一歇，颜色就会发黄，像妇人，失了青春，人老珠黄的样，看着揪心。

荸荠可做菜，黄岩有一道名菜，叫橘乡马蹄爽。将荸荠去皮捣糊，加适量淀粉做成荸荠团，油炸后加糖，又脆又香，我一人能吃七八个。拔丝荸荠也很好吃，金黄灿烂，外酥里糯。荸荠还可以磨成粉，然后冲饮，比藕粉更加浓厚，味道也更加爽口。

荸荠还可做成荸荠鸡丁、荸荠肉片、拔丝荸荠、冬笋荸荠、荸荠狮子头、荸荠饼、蜜汁马蹄等。无论是生的、煮的、炒的、炸的，这些菜只要跟荸荠沾了边，吃起来，一言以蔽之：脆。不过，我还是偏爱生荸荠，煮熟的荸荠，味道毕竟寡淡些，也失了荸荠清新水润的自然之气。

荸荠性寒，清热又泻火，最宜用于发烧病人。把荸荠削皮切片，加冰糖，制成冰糖荸荠汤，可止咳。荸荠还可美容，荸荠用刀片拦腰切断，把荸荠的白粉浆涂满酒糟鼻，早晚一次，坚持一月，据说效果不错。每回看到酒糟鼻的人，我总是很想告诉他们这个方子。■

作家，江苏苏州人 **陆嘉明**

节选自陆嘉明：《淡淡水八仙 悠悠意外味》

荸荠是个好末事

在水八仙中，荸荠人人都喜欢，老苏州常说：荸荠是个好末事。在吴方言中，“末事”一般指不起眼的物事。明李时珍对荸荠介绍甚详：生浅水田中，其苗三四月出土，一茎直上，无枝叶，状如龙须……其根白蒻，秋后结果，大如山楂、栗子，而脐有聚毛，累累下生入泥底。我年轻时下放的村庄，也种荸荠，却疏于观察，经常从长着密密匝匝小葱样的烂田走过，也不知这一大片就是荸荠田。直到秋后叶枯，赤脚去踩荸荠了，才恍然得知。踩荸荠可真有意思，赤了脚，在凉飕飕滑溜溜的烂泥里一脚深一脚浅地踩呀踩，只要踩到硬疙瘩，一个个都是眉飞色舞的样子，有的女孩子还高兴得叫着，笑着，闹猛极了。后来我读汪曾祺的小说《受戒》，看到小英子“踩荸荠”的一段文字（不知何以用这“搲”字），也勾起了我亲切的回忆。只是没有注意到“小英子们”在田埂上留下的“一串美丽的脚印”，真是可惜了。

荸荠，这扁圆形的水草球茎，个头不大，上部有侧芽紧围顶芽，样子挺憨厚，如见了大姑娘的愣小子，浑身羞得通红：红是紫红色；深是深栗色。邹韬奋说：“大”的东西看上去确有些戆气，其实不然。荸荠这小末事，看上去也是戆气十足。也许就因这“戆气”，才显得自然而质朴，即便通体带泥，也一点不腻脂，反倒亮出三分可爱来，难怪画家也爱画此物了。不过，在画家的笔下，三三两两，疏疏密密，随意而设，生意灵动，这

周作人 （1885～1967），作家、翻译家，浙江绍兴人

乡果 节选自周作人：《关于荸荠》

荸荠这名字不知道怎么讲，倒也算了，英国叫作水栗子，日本叫作黑茨菇，虽有意义，却很有侉气，可以想见是不懂得吃这东西的。荸荠自然最好是生吃，嫩的皮色黑中带红，漆器中有一种名叫荸荠红的颜色，正比得恰好。这种荸荠吃起来顶好，说它怎么甜并不见得，但自有特殊的质朴新鲜的味道，与浓厚的珍果正是别一路的。乡下有时也煮了吃，与竹叶和甘蔗的节同煮，给小孩吃了说可以清火，那汤甜美好吃，荸荠熟了只是容易剥皮，吃起来实在没有什么滋味了。用荸荠做菜做点心，凡是煮过了的，大抵都没有什么好吃，虽然切了片像藕片似的用糖醋渍了吃，还是没啥。此外有一种海荸荠，大概是海边植物的种子，形如小茨菇，大如花生仁，街上叫卖，一文钱一把，吃来甜中带咸，小孩们很是喜欢。甲午前后，杭州有过一家稻香村似的店，名曰野荸荠，不知何所取义，难道就是说的海荸荠么？ ■

种天然况味，透露出画家的散淡心境。

荸荠可熟吃，也可生吃。生吃，最受孩子喜爱。我小时候家境窘迫，很少吃到正宗水果，便宜的荸荠倒是常能吃到。每有乡人挑担上城，母亲买一毛钱荸荠，乡人懒得称，双手一捧，满满一堆，我有时顺手在筐中再抓三五只，一副占便宜的得意，顽皮好玩，乡人见了，也不阻拦，笑笑，只是随你。荸荠顶芽中多有姜片虫，生吃时要先去掉芽儿，再用滚开水烫过。削去外皮，白净如玉，鲜嫩多汁，味道甜美，有一种清香气息。苏州小女子吃荸荠懒得削，只把它放在小嘴里颠来倒去地啃脱外皮，碎皮碎屑的可吃一大堆，端的风致洒然，有滋有味。也许苏州女子长得玲珑秀气，天然水色，这般馋吃贪懒之态，并不雅观，说不定在外地人眼里，不啻为一幅可资雅望的江南水乡风情画哩。

每岁冬末早春，荸荠大量上市，苏州人家的廊前檐下，常挂一只竹篾篮子，带泥荸荠存篮过半，过一月有余，便有风干荸荠吃了。风干荸荠外皮尽皱，如老松树干，小刀难削，只能耐心地用指甲一点一点剥。老荸荠不耐看，却中吃。有话说，姜是老的辣，而荸荠也是老的甜。风干荸荠吃起来甜味浓浓，别有风味。只是肉老了，水分少了，小孩子吃时就瞒着大人，如同吃甘蔗，尝到甜头就偷偷地把渣吐了。

苏州乡下广种荸荠，据说在明代便是著名的盛产之地。《姑苏志》载："荸荠出华村者色红味美，不能耐久；出陈湾村者，色黑而大，带泥可以致远。""志"中所提华村、陈湾者，即今葑门外一带。带泥风干，只为久藏，可数月不腐。把它作为蔬菜，还是新鲜的好。糖水荸荠，原属消闲食物，现也常作冷盘上得宴席。席间油腻吃多了，吃上一两只，顿觉口中清爽，胃口又起。荸荠炒肉片、炒猪肝、炒鱼片或炒鸡脯、炒鸡丁，下酒最好，也是苏州人爱吃的家常菜肴。我母亲做红烧狮子头时，喜欢先在肉糜里羼一些荸荠末，吃起来又嫩又松，微甘中有一股清香，全家人个个都爱吃。据闻荸荠还可以酿酒和加工制成淀粉，我没有吃过，不知是何味道。

在吴地旧俗中，荸荠还是吉祥之物。据《清嘉录》载，每年除夕之夜，把新烧好的年夜饭盛在新的竹篮中，上面除放些红橘、乌菱诸果而外，还要放几枚荸荠，并插松柏枝于其上，陈列中堂，至新年蒸食，取有余粮之意，名曰年饭。如今旧俗已废，但老苏州总要把几只荸荠埋在米中烧年夜饭，谁吃到荸荠，就说是挖到了"元宝"，来年定当发财。记得我小时候吃年夜饭时，满桌子菜已吃得油嘴油舌，肚胀腹圆，哪里还想吃饭？但一想到要挖"元宝"，小孩子家又兴趣陡生。现在想来，也许是大人故意哄孩子白相，偏要骗他们吃点年夜饭而已。当孩子们在饭碗里挖到一二只"元宝"时，便会哇哇大叫，开心得不要提了。这浓郁而温馨的年味，在挖"元宝"的热烈氛围中弥漫开来了。 ■

编后记

《中国水生植物——苏州水八仙》终于进入编后，我们也得以松一口气，在把本书呈现给读者之前，需要感谢为这套书提供过帮助的朋友们。

2010年4月10日，汉声编辑到苏州文化名家叶放先生家做客，叶先生既是画家，又是美食家，在谈起苏州风物时，提及苏州的八种水生蔬菜“水八仙”，引起我们的关注和兴趣，当即确定下这个题目。随后通过叶放的联系，发动了苏州摄影家汪浩和记者李婷，当晚在十全街的五卅饭店以沙洲优黄举杯，同我们一起组成在苏州最早的采访团队。汪浩先生在接下来，多次亲自到苏州的水八仙种植区持续追踪采访，为我们提供了许多高质量的照片。

从2010年6月开始至2012年8月，汉声编辑从北京和台北来到苏州二十余次，田野采访工作持续了两年多，前前后后得到许多苏州朋友的支持。苏州作家王稼句老师提供了许多水八仙的文史信息，使我们得以接触到水八仙背后深厚的文化。苏州前文化局局长高福民先生也为我们的采访帮忙牵线。还要特别感谢苏州设计家周晨先生为我们采访提供的便利和帮助。

风物志在文史背景下，还要关注植物本体科学性的知识，才能更好地详尽记录。苏州市蔬菜研究所原副所长鲍忠洲、苏州农林局推广站专家陈金林为我们提供了极其详尽的关于水八仙植物学和栽培学上的知识，以及苏州水八仙的种植概况。